Sitzungsberichte der
Akademie der Wissenschaften
der DDR
Mathematik – Naturwissenschaften – Technik

15 N

1975

V. A. Ambarzumjan/Gustav Hertz

Festvorträge der wissenschaftlichen Konferenz der Akademie anläßlich des 275. Akademiejubiläums

AKADEMIE-VERLAG · BERLIN

Sitzungsberichte
der Akademie der Wissenschaften der DDR
Mathematik — Naturwissenschaften — Technik

Jahrgang 1975 — Nr. 15 N

V. A. Ambarzumjan/Gustav Hertz

Festvorträge der wissenschaftlichen Konferenz der Akademie anläßlich des 275. Akademiejubiläums

AKADEMIE-VERLAG · BERLIN
1976

Vorträge der Träger der Helmholtz-Medaille der Akademie der Wissenschaften der DDR, des Auswärtigen Akademiemitgliedes V. A. Ambarzumjan und des Ordentlichen Akademiemitgliedes Gustav Hertz † auf der wissenschaftlichen Konferenz der Akademie anläßlich des 275. Gründungstages der Akademie der Wissenschaften der DDR am 10. Juli 1975

Herausgegeben im Auftrage des Präsidenten der Akademie der Wissenschaften der DDR von Vizepräsident Prof. Dr. Heinrich Scheel

Erschienen im Akademie-Verlag, 108 Berlin, Leipziger Str 3—4

Lizenznummer 202 · 100/163/76
Gesamtherstellung. VEB Druckhaus Köthen
Bestellnummer: 7 530 017 (2010/75/15/N) · LSV 1105
Printed in GDR
EVP 4,– M

Inhalt

V. A. Ambarzumjan

Über Entwicklungsprozesse im Universum

Es ist für mich eine außerordentliche Ehre, zum zweiten Mal einen Vortrag anläßlich eines Jubiläums der Akademie der Wissenschaften der DDR zu halten. Vor 25 Jahren, zum 250jährigen Jubiläum, gab ich einen Bericht über die Entstehung der Sterne und über die Sternassoziationen.

Als ich es auf mich nahm, diesen Vortrag über die allgemeinen Entwicklungsprozesse im Weltall zu halten, geschah es nicht, um zu verallgemeinern — wie man das in fortgeschrittenem Alter zu tun pflegt —, sondern in erster Linie, weil uns die vergangenen 25 Jahre eine Fülle von Informationen über die physikalischen Prozesse in Himmelskörpern auf allen Ebenen der kosmischen Hierarchie gebracht haben. Die Bearbeitung dieser Informationen hat viele interessante Schlußfolgerungen über die Entwicklungsprozesse im Weltall ziehen lassen. Die Astrophysik ist durchaus eine evolutionäre Wissenschaft geworden. Obwohl viele fundamentale Probleme, die mit der Entwicklung der kosmischen Objekte verknüpft sind, bisher ungelöst blieben, hat das vergangene Vierteljahrhundert deutliche Fortschritte beim Studium dieser Probleme gebracht. Man darf nicht vergessen, daß die *Natur* und die in ihr ablaufenden Erscheinungen viel komplizierter sind, als uns auf den ersten Blick erscheint. Daher bringt die Lösung jeder einzelnen Frage Dutzend neue, früher nie diskutierte Probleme hervor. Deshalb blickt die moderne Astrophysik mit unverhohlener Skepsis auf alle Versuche, mit einem Schlag, mit einer einzigen Hypothese, mit den Konstruktionen eines Schemas oder Modells die gesamte Mannigfaltigkeit des Entwicklungsprozesses des Weltalls erkennen zu wollen. Die Astrophysik erwartet viel eher von der unermüdlichen Tätigkeit der heutigen Astronomengeneration die Erklärung der neuen Details der Entwicklungsprozesse und auch umfassende Verallgemeinerungen, die sich auf Beobachtungen stützen.

Die bekannte Hierarchie der Himmelskörper und ihrer Systeme läßt sich (schematisch vereinfacht) als eine Folge vorstellen, die sich aus sechs Stufen zusammensetzt:

1. Kleinkörper: Meteore, Kometen, Planeten und Trabanten.
2. Sonne und Sterne.
3. Sterngruppen, Sternhaufen und Sternassoziationen.
   Galaktische Nebel.
4. Galaxien.
5. Galaxienhaufen.
6. Metagalaxis, welche alle Galaxien enthält, die mit unseren Teleskopen erreichbar sind.

Gegenwärtig haben wir Angaben über alle Stufen dieser Stufenleiter, aber die Erkenntnistiefe über die Entwicklungsprozesse auf den verschiedenen Stufen ist unterschiedlich.

Es mag etwas paradox erscheinen, daß wir über die Richtung der Entwicklungsprozesse sehr bestimmte Aussagen für die erste und die letzte Stufe machen können.

Bereits in der zweiten Hälfte des vorigen Jahrhunderts kam Bredichin aus der Analyse der Daten über Meteore und Kometen zu dem Schluß, daß Meteorströme als Ergebnis des Kometenzerfalls entstehen. Jetzt, da wir mehr über die physikalischen Prozesse in Kometen wissen, können wir sagen, daß das Auftreten eines Kometenschweifes und einer Koma Zerfall des Kometenkerns bedeutet. So wird es völlig offenkundig, daß sowohl langperiodische als auch kurzperiodische Kometen mit der Zeit zerfallen, sich zerstreuen und zu interplanetarer meteoritischer Materie und interplanetarem Gas werden.

Von besonderem Interesse sind Erscheinungen im Asteroidengürtel. Hier muß es von Zeit zu Zeit zu Zusammenstößen der Asteroiden untereinander kommen. Abhängig von Geschwindigkeit und anderen Bedingungen im Augenblick des Zusammenstoßes führt dies entweder erstens zu einer Fragmentation der zusammengestoßenen Körper oder zweitens zu ihrer Verschmelzung. Die Berechnungen zeigen, daß Fragmentationsprozesse vorherrschen müssen. So erkennen wir hier die Tendenz der Zerstreuung von massiven Körpern.

Was die großen Planeten und ihre Satelliten betrifft, so müßten sie infolge der Begegnungen mit Meteorkörpern mit der Zeit ihre Masse erhöhen. Auf dieser Vorstellung beruhen viele Theorien über die Entstehung der Planeten aus meteoritischer Materie. Diese Theorien sind fähig, einige, aber nur einige, Gesetzmäßigkeiten unseres Planetensystems zu erklären. Trotzdem haben wir keine direkten empirischen Beweise für die Hypothese, daß die Planeten aus diffuser Materie kondensierten. Mehr noch: es ist offenkundig, daß sich zumindest in den letzten zwei bis drei Milliarden Jahren die Masse von Erde und Mond nicht nennenswert vergrößert hat. Diese Tatsache widerlegt zwar nicht die Kondensationshypothese, bestätigt aber wenigstens, daß es keine direkten Beweise zugunsten der Kondensationstheorie gibt.

Aber im gleichen Zeitraum hat sich die Struktur dieser Körper infolge gewaltiger endogener Kräfte außerordentlich stark verändert. Darüber hinaus haben sich Anzeichen für eine Vergrößerung der Erddimensionen im Laufe von Jahrhunderten angehäuft, die mehr zugunsten der entgegengesetzten Richtung in der Entwicklung der Planeten sprechen: von dichteren Zuständen zu weniger dichten.

So begegnet uns auf der ersten Stufe der kosmischen Treppe — bei den Kometen und Asteroiden — Fragmentation und Teilung, während bei den großen Planeten die Frage der Entwicklungsrichtung noch offen ist. Aber für den Astronomen hat die unverkennbare Tendenz der Kleinkörper, sich zu zerstreuen, große prinzipielle Bedeutung. Da nämlich Kleinkörper von selbst fragmentieren, lassen sich schwer Bedingungen vorstellen, die sich von den gegenwärtigen so unterscheiden, daß der Prozeß in Gegenrichtung ablaufen konnte. Obwohl die Frage der Entstehung großer Planeten noch nicht gelöst ist, scheint uns die Situation im Gegensatz zu der Meinung der meisten Experten der Kosmogonie nicht gerade günstig für die Kondensationshypothese zu sein.

Im sechsten, das heißt im höchsten Niveau der kosmischen Hierarchie ist der Zustand viel bestimmter. Beobachtungen und ihre Analyse lassen sicher die Tatsache erkennen, daß sich die Galaxien bis zu den entferntesten systematisch von uns wegbewegen. Hier haben wir das Hubblesche Gesetz und dessen Aussage, daß die Geschwindigkeit, mit der sich eine Galaxie von uns wegbewegt, etwa der Entfernung proportional ist. Es läßt sich im Rahmen der Theorie des sich ausdehnenden Weltalls oder der expandierenden Metagalaxis verstehen. Auf diese Weise geht die Metagalaxis ständig von einem dichteren Zustand in einen weniger dichten über, so daß sie sich relativ schnell zerstreut.

Ich komme nun zu der Frage der Sternentstehung. Wir können feststellen, daß sich die Hypothese, die die Sternentstehung durch Kondensation diffuser Materie erklärt, viel beharrlicher hielt als ähnliche Vorstellungen in Verbindung mit anderen Himmelskörpern. Darüber hinaus waren die ursprünglichen Fassungen dieser Hypothese von der Kondensation der Sterne aus diffuser Materie, insbesondere die Hypothesen von Kant und Laplace, in bedeutendem Maße durch die Form der planetarischen Nebel beeinflußt, d. h. durch Objekte, die aus einem Zentralstern und einem ihn umgebenden nebelhaften Ring oder einer entsprechenden Scheibe zusammengesetzt sind.

Aber bereits im zweiten Quartal unseres Jahrhunderts ließen Fortschritte bei den Untersuchungen der planetarischen Nebel deutlich erkennen, daß jeder planetarische Nebel das Ergebnis eines Auswurfs diffuser Materie aus seinem Zentralstern ist. So entsteht zumindest in diesem Fall *nicht der Stern aus dem Nebel, sondern der Nebel aus dem Stern.* Die Astrophysik von heute fügt aber noch andere Beispiele hinzu: es steht fest, daß bei einem Novaausbruch auch

Gasmassen ausgeworfen werden. Es entsteht auf diese Weise ein expandierender Gasnebel, in dessen Zentrum sich die Nova befindet. Dasselbe gilt für eine Supernova. Es gibt jedoch einen Unterschied. Im letzten Fall besitzt der expandierende Nebel größere Masse und sendet intensivere Radiostrahlung aus. Ein klassisches Beispiel für einen Nebel, der während eines Supernovaausbruchs entstand, ist der sehr gut untersuchte Crabnebel.

Wie uns scheint, sollten diese Beispiele die Experten auf dem Gebiet der Kosmogonie lehren, daß man der Frage nach der *Entstehung der Nebel* den ersten Platz einräumen muß, weil die Nebel eine kürzere Lebensdauer als Sterne haben. In den eben genannten Beispielen ist die Lebensdauer von der Größenordnung einiger zehn Jahre bis zu einigen tausend Jahren, während die überwiegende Mehrheit der Sterne einige Milliarden Jahre existiert, und nur einige wenige Sterne ein Alter von Millionen oder zehn Millionen Jahren haben.

Wenn aber die planetarischen Nebel, also Nebel mit regelmäßigen Formen, instationäre Objekte sind, um so eher müssen wir uns die diffusen Nebel mit unregelmäßigen Formen instationär vorstellen. Solche Formen sind unvereinbar mit Vorstellungen eines Gleichgewichtszustandes. Anstatt sich für die Ursache der Entstehung dieser Objekte mit unregelmäßigen Formen zu interessieren, richteten die Astronomen, die sich mit der Kosmogonie beschäftigten, in den letzten Jahrzehnten ihre Aufmerksamkeit hauptsächlich auf die Entstehung der mit den Nebeln verbundenen Sterne.

Diese merkwürdige Vernachlässigung der Frage nach der Entwicklung von Objekten, die offensichtlich vor nicht allzu langer Zeit entstanden sind, läßt sich nicht anders als durch Voreingenommenheit erklären. In der Kosmogonie herrschte die vorgefaßte Meinung vor, daß Sterne nur durch Kondensation aus diffuser Materie entstehen können. Daher betrachtete man die diffusen Nebel nur als ursprüngliches Material, mit dem die Sternentstehung zu erklären sei.

Soweit sich Untersuchungen über die Bewegungsverhältnisse in diffusen Nebeln auf Radialgeschwindigkeitsmessungen von Teilen des Nebels stützen und es sehr schwer zu entscheiden ist, welcher Teil der Spektrallinie in welchem Gebiet in radialer Richtung des Nebels entsteht, lassen sich die beobachteten Radialgeschwindigkeiten nicht immer eindeutig interpretieren.

Die Beobachtungen bestätigen aber keineswegs die häufig geäußerte Vermutung, daß Gasmassen auf einige Zentren, wo Sterne entstehen, kollabieren müssen. Im Gegenteil! In vielen Fällen sprechen die Beobachtungen für eine Expansion des Nebels, wobei sich die Gasmassen von den Sternen entfernen, mit denen sie in Beziehung standen.

Es wurden trotzdem während der letzten Dekaden einige Versuche unternommen, einzelne, in diffusen Nebeln beobachtete Erscheinungen als Anzeichen für eine Bildung der Sterne aus diffuser Materie zu interpretieren.

Ich will hier die Aufmerksamkeit auf zwei derartige Versuche lenken, die zu ihrer Zeit große Verbreitung unter den Astrophysikern erlangt hatten und sogar in populäre Zeitschriften ausstrahlten.

1. Auf Aufnahmen vieler heller diffuser Nebel hatte man dunkle Flecken mit manchmal mehr oder weniger regelmäßiger Form und nicht allzu großer Dimension entdeckt. Professor Bartol Bok nannte diese Flecken Globulen. Einige Autoren erklärten sie als dichte Wolken diffuser Materie, die zu Sternen kollabieren. Also interpretierten sie diese Globulen als Protosterne. Kürzlich wies Doktor Herbig in einer Arbeit eindeutig nach, daß es sich tatsächlich um vorübergehende Verdichtungen in der diffusen Materie handelt, die durch Instabilitäten der im diffusen Nebel ablaufenden Gasbewegung erzeugt werden. Es ist klar, daß die Globulen nichts mit der Sternentstehung zu tun haben.

2. Vor kurzem entdeckte man einige Sterne, von denen wir keine sichtbare Strahlung erhalten, die aber im infraroten Wellenlängengebiet zu beobachten sind. Diese ziemlich starken Infrarotquellen liegen in großen diffusen Nebeln. Eine quantitative Analyse der Zusammensetzung der Strahlung einiger dieser Sterne ergab, daß sie nicht einfach „Infrarotsterne" sind, also Sterne mit niedriger Temperatur der Oberflächenschicht. Im Gegenteil! In einigen analysierten Fällen ergab sich, daß es sich um heiße Sterne vom Typ 0 mit Temperaturen von mehr als 20 000° handelt, deren sichtbare (optische) Strahlung von der diffusen Materie (Staub und Gas) auf dem Weg zu uns millionenfach abgeschwächt wird. Diese diffuse Materie strahlt die absorbierte Energie im infraroten Bereich des Spektrums aus.

So entstand die Vorstellung von den Kokonsternen, die jung sein müßten (für das Alter der 0-Sterne gibt man einen Wert von rund einer Million Jahre an), weil sie sich noch im Stadium der Bildung aus der umgebenden diffusen Materie befinden.

In zwei kürzlich von Zuckermann und Grassdalen publizierten Arbeiten wurde nachgewiesen, daß in solchen Fällen eine Dunkelwolke, die sich nur auf einer Seite des Sterns befindet, die starke Absorption hervorruft, während man auf der anderen Seite ein verdünnteres und daher transparentes diffuses Medium beobachtet, das sich vom Stern entfernt. Also wir beobachten hier eine gewöhnliche Wechselwirkung zwischen einem Nebel und einem heißen Stern, und wir haben keinen Grund, von der Umwandlung des Nebels in eine Sternmasse zu sprechen.

Andererseits scheinen sich die dichtesten und massereichsten diffusen Nebel in Sternassoziationen zu befinden, das heißt in Gruppen von jungen Sternen, worüber Ihnen zu berichten ich bereits vor 25 Jahren die Ehre hatte. Dabei gibt es diese Koexistenz in einigen Fällen mit 0-Assoziationen, die nicht nur heiße junge 0- und B-Sterne, sondern auch kühle junge Zwerge vom Typ G, K und M enthalten, in anderen Fällen mit T-Assoziationen, die meistens die erwähnten Zwerge und einige A-Sterne enthalten.

Diese Tatsache gab schon damals Anlaß zu der Vorstellung, daß diffuse Nebel und Gruppen junger Sterne gemeinsam entstanden sind.

Untersuchungen der Spektren der ganz jungen Sterne, die sich sowohl in 0-Assoziationen als auch in T-Assoziationen befinden, haben ergeben, daß von den meisten dieser Sterne ununterbrochen, oder nahezu ununterbrochen, Materie abströmt.

Diese Tatsache ist bereits ein schlagender Beweis gegen die Hypothese, daß Sterne aus diffuser Materie kondensieren, und insbesondere gegen die Aggregations-Hypothese*, wonach die ursprünglichen embryonalen Sterne Materie aus der Umgebung aufsammeln. Es ist richtig, daß es möglich ist, ein logisches Schema zu konstruieren, demzufolge der ursprüngliche Keim einen Aggregationsprozeß durchmacht, bis der Stern eine bestimmte Masse erreicht, wonach dann der umgekehrte Prozeß — das Abströmen der Masse — abläuft. Man kann sich vorstellen, daß der Stern in der ersten Phase eine so geringe Helligkeit hat, daß es unmöglich ist, ihn zu beobachten, bevor er die kritische Masse erreicht hat, wo das Abströmen der Materie einsetzt. Außer der unnatürlichen Konstruktion dieses Schemas muß man noch berücksichtigen, daß man bei Sternen ganz unterschiedlicher Masse Materieausströmungen beobachten kann. Das schließt das Vorhandensein eines gewissen kritischen Wertes der Masse für den Übergang von Aggregation zu Abströmung aus.

All dies zwang uns, davon auszugehen, daß die Sterne in den Assoziationen keineswegs aus diffuser Materie, sondern aus irgendwelchen anderen unsichtbaren Körpern entstehen. Die Tatsache, daß uns die ganz jungen und massereichsten Objekte in Assoziationen begegnen, als Haufen heißer Sterne und Vielfachsterne vom Trapeztyp, zwang uns zu der Vorstellung, daß der ursprüngliche Körper, der bereits vor der Assoziation vorhanden war, keineswegs eine geringe Dichte besaß, sondern ziemlich dicht und wahrscheinlich sogar überdicht war. So entwickelte sich die Idee von der Fragmentation eines ursprünglich supermassiven Körpers. Diese Fragmentation müßte stufenweise ablaufen. Mit anderen Worten, der ursprüngliche praestellare Körper teilt sich in einige Teilmassen, die sich im Ergebnis einer weiteren Teilung in die Gruppe der Protosterne umwandeln, aus denen einzelne Sterne entstehen. Was die diffusen Nebel in Assoziationen betrifft, so bestehen sie nicht nur aus der Masse, die aus den einzelnen Sternen herausgeworfen wurde, sondern auch aus Ma-

* Accretion

terie, die sich während der Fragmentation des praestellaren Körpers absonderte.

So wurde es immer wahrscheinlicher, daß Sterne und diffuse Nebel aus praestellaren Körpern gemeinsam entstehen.

Es ist nötig, darauf hinzuweisen, daß uns die physikalische Natur des praestellaren Körpers, dessen Existenz wir gezwungen waren vorauszusetzen, noch unbekannt ist. Unbekannt ist auch der Mechanismus der Fragmentation. Auf der jetzigen Erkenntnisstufe läßt sich schwer ein Modell für diese Erscheinungen konstruieren. Es ist wahrscheinlich, daß wir es hier mit bisher noch nicht untersuchten physikalischen Prozessen zu tun haben. Daher ist es am besten, als Ausweg einstweilen die empirischen Gesetzmäßigkeiten zu untersuchen, die zu den physikalischen Eigenschaften der Fragmente und ihren Bewegungen gehören. In dieser Beziehung sind wir vorläufig wenig vorangekommen. Wir weisen hier nur auf zwei Umstände hin:

1. Diese Fragmente, d. h. die Sterne der Assoziationen, befinden sich eine gewisse Zeit nach ihrer Entstehung in einem instationären Zustand. Ihre Helligkeit ist (bei Sternen von etwa Sonnenmasse und darunter) starken unregelmäßigen Schwankungen unterworfen. Ihre Spektren geben Auskunft über oftmals heftige Prozesse, die in ihrer Atmosphäre ablaufen. Man beobachtet einen Energiefluß von außerordentlicher Größe unter Bedingungen, die sich von denen in normalen Sternen unterscheiden. Wenn die Sterne dann älter als 10^7 Jahre sind, werden die unregelmäßigen Helligkeitsschwankungen weniger auffällig; der Stern verweilt während der meisten Zeit in einem stationären Zustand. Aber manchmal (einmal während einiger Wochen) unterbrechen heftige Ausbrüche diesen ruhigen Zustand. Dabei wird der Stern einige zehnmal heller. Die Dauer eines solchen Ausbruchs liegt in der Größenordnung von zehn Minuten und darüber. Wir sagen, der junge Stern tritt in die Ausbruchsphase. Die Ausbruchsaktivität (oder Flareaktivität) der Sterne schwankt. Man findet, daß sogar alle Sterne von einigen Milliarden Jahren (darunter befindet sich auch unsere Sonne) noch kleine Ausbrüche aufweisen. Aber in der Energiebilanz eines Sterns in diesem Stadium der langsamen Entwicklung sind die Ausbrüche bereits zu vernachlässigen. In dieser Periode umfaßt die Aktivität der Sterne hauptsächlich die Emission von elektromagnetischer Strahlung und den „Sternenwind“.

2. Einige Sterngruppen, die in Sternassoziationen entstanden sind, laufen mit so großen Geschwindigkeiten in verschiedene Richtungen auseinander, daß sie die Assoziation verlassen. Das beste und überzeugendste Beispiel hierfür ist die reine Expansion der Assoziation Persei II, die der holländische Astronom Blaauw entdeckte. Hier haben wir es mit einem Zerfall des Sternsystems zu tun, dessen Mitglieder vor $1^1/_2$ Millionen Jahren entstanden.

Solche Expansionserscheinungen sind auch bei einzelnen Gruppen junger Sterne in der Orionassoziation festgestellt worden. Sie sind ein Hinweis darauf, daß die Sterne zur Zeit der Entstehung in sehr starker Wechselwirkung standen, d. h. eine sehr enge Gruppe bildeten. Das ist ein weiterer Hinweis für die Entstehung aus einem sehr dichten Körper.

Wir müssen erwähnen, daß die meisten Sternhaufen in unserer Galaxis offene Sternhaufen sind. Alle Daten weisen darauf hin, daß sie durchweg aus Sternassoziationen entstanden. Manchmal bildeten sich in einer 0-Assoziation zwei oder mehrere Haufen, die nicht sofort (d. h. in einigen Millionen Jahren) zerfielen, weil die Geschwindigkeiten dieser Sterne innerhalb jeder Gruppe so klein sind, daß sie nicht ausreichen, die gegenseitige Anziehungskraft zu überwinden. Aber in diesem Zusammenhang scheint sich in der weiteren Entwicklung ein langsamer Zerfallsprozeß herauszubilden als Ergebnis von aufeinanderfolgenden, zufälligen Begegnungen zwischen den Sternen, ähnlich dem Verdampfungsprozeß in Flüssigkeiten durch das ständige Heraustreten von Molekülen aus der Flüssigkeitsoberfläche.

Wir erkennen demnach, daß die Entstehung der diffusen Nebel und Sterngruppen von einer Expansion der neugebildeten Formation begleitet ist. Deshalb dominieren auch auf diesem Niveau der kosmischen Hierarchie die Übergangsprozesse von dichteren zu weniger dichten Zuständen.

Beim Übergang zur 4. Stufe der kosmischen Hierarchie betreten wir ein Gebiet der Astronomie, in dem man vor 25 Jahren noch nicht über Ausbruchs- und Expansionserscheinungen, wie wir sie innerhalb unserer Galaxis beobachten, sprechen konnte. Man hatte vorausgesetzt, daß die Entwicklung der Galaxien in einem stetigen Übergang von einer geometrischen Form in eine andere besteht, zum Beispiel von Spiralformen zu den sehr verbreiteten elliptischen Formen oder umgekehrt. Aber gerade zu Beginn der fünfziger Jahre wurden die Radiogalaxien entdeckt. Es wurde offenbar, daß sich zumindest einige von ihnen in einem Stadium einer seltsamen und relativ schnellen Umwandlung befinden. Wir erkennen dies daran, daß neben der optischen Überriesengalaxie zwei mächtige Wolken entstanden sind, die aus relativistischen Elektronen bestehen und Radiostrahlung aussenden. Anfangs nahm man an, daß die Radiogalaxien das Resultat eines Zusammenstoßes zweier getrennter Galaxien sind, die zufällig aufeinanderstoßen. Aber die Zusammenstoßhypothese wurde vor kurzem aufgegeben. Man erkannte, daß die Entstehung der Radiostrahlung aussendenden Wolken und folglich die Umwandlung der Galaxie in eine Radiogalaxie ein Hinweis für einen Ausbruch dieser Wolken oder dichter Körper aus dem Kern dieser Galaxie ist. Die Wolken sind das Ergebnis des Zerfalls dieser Körper. Wir müssen hinzufügen, daß jede dieser Wolken eine sogar für galaktische Maßstäbe riesige Energiemenge von der Größenordnung von 10^{61} erg beherbergt. Wir erwähnen, daß zum Beispiel die gesamte kinetische Energie aller Sterne unserer Galaxis etwa 10^{59} erg beträgt. Wir sehen also, daß bei den betrachteten Prozessen des Energieflusses aus den Kernen der Galaxien die ausströmenden Energiemengen nicht kleiner als jener Energiebetrag sind, der für eine völlige Umgestaltung der dynamischen Prozesse einer gesamten Galaxie ausreicht. Diese Energie reicht sogar aus, um alle Sterne zu zwingen, die Galaxie zu verlassen und sich bis ins Unendliche zu entfernen.

Aber der Auswurf Radiostrahlung aussendender Wolken scheint nur eine Form der Aktivität der Galaxienkerne zu sein. Eine andere Form dieser Aktivität ist das Ausströmen großer Gasmassen. Wir sprechen in diesem Fall nicht von einem relativistischen Gas, sondern von einem klassischen Gas. Beispiele sind die Gasströme aus den Kernen der Galaxien vom Typ M 82 und aus den Kernen der SEYFERT-Galaxien. Die letzteren besitzen im Zentrum einen Kern mit erhöhter Helligkeit. Man nimmt an, daß die Quasare ebenfalls Galaxien sind, bei denen die letztgenannte Form der Aktivität, die Erhöhung der Kernhelligkeit, die höchste Entwicklungsstufe erreicht hat. Es gibt Fälle, bei denen die Kernhelligkeit ungefähr hundertmal die Gesamthelligkeit aller Sterne, sogar der hellsten Überriesengalaxie, übersteigt.

So ist die Erscheinung der Quasare nur eine besondere Form der Kernaktivität.

In manchen Fällen beobachten wir in Galaxien Erscheinungen, die man nicht anders interpretieren kann, als daß Masse ungefähr von der Ordnung einer ganzen Galaxienmasse aus dem Kern strömt. Wir gelangen so zu der Idee von der Fragmentation der Kerne. Aus den Fragmenten können einzelne Galaxien entstehen, deren Masse kleiner ist als die der Ursprungsgalaxie.

Die riesigen Möglichkeiten, die in der Kernaktivität enthalten sind, weisen uns darauf hin, daß die Galaxienkerne eine entscheidende Rolle bei der Entwicklung und sogar bei der Entstehung der Galaxien spielen.

Aber die Hypothese der Galaxienentstehung als Resultat der aktiven Wirkung ihrer Kerne begegnet einer großen Schwierigkeit. Der Drehimpuls der Spiralgalaxien und der meisten elliptischen Galaxien ist nämlich sehr groß im Vergleich zum Drehimpuls, den man nach den üblichen Vorstellungen von der Mechanik im Kern unterbringen kann. Dies veranlaßte viele theoretische Astrophysiker, sich sehr skeptisch zu verhalten zu der Hypothese der Galaxienentstehung aus ursprünglich sehr dichten Körpern, obwohl die Beobachtungen ernsthafte Argumente zugunsten dieser Hypothese liefern. Deshalb setzte man die Versuche fort, Schemata zu konstruieren, nach denen die Galaxien aus einer praegalaktischen diffusen Wolke entstanden und schenkte den überzeugenden Daten über die Kernaktivität keine Aufmerksamkeit.

Es gibt aber tatsächlich schon Versuche, diese Probleme auf der Grundlage der etwas ungewöhnlichen Vorstellung über den Ursprungszustand der Kerne, die embryonalen Galaxien, zu lösen.

Entsprechend den gegenwärtigen Vorstellungen über Elementarteilchen kann ihr Eigendrehimpuls (Spin) große Werte erreichen. Diese Spinwerte können stark anwachsen, wenn die Masse der Teilchen steigt. Man kann sich ferner vorstellen, daß überschwere Elementarteilchen existieren, die relativ stabil sein können, weil innerhalb der Teilchen die Gravitationskräfte einen wesentlichen Einfluß auszuüben beginnen. Um richtig verstanden zu werden: eine ganz ähnliche Situation gibt es im Falle der Atomkerne. Bekanntlich werden die Atomkerne instabil, wenn man das Atomgewicht über das des Urans erhöht. Das instabile Gebiet zieht sich von Atomgewicht $A \approx 240$ bis zu $A \approx 10^{57}$ hin. Wir wissen, daß stabile Kerne mit $A > 10^{57}$ existieren. Das sind die sehr kompakten Neutronensterne. Sie sind wegen der großen Masse dieser „Kerne" dank der großen Gravitationskräfte stabil.

Man muß die Möglichkeit zulassen, daß aus demselben Grund Elementarteilchen mit Massen von der Größenordnung der Galaxienmasse stabil sein können. Die Vorstellung über ähnliche überschwere Elementarteilchen — überschwere Hadronen — ist in Einzelheiten von Doktor Sistero in Argentinien ausgearbeitet worden. Nach dem sowjetischen Physiker Muradjan können solche überschweren Hadronen genügend große Spinwerte erreichen, um mit Erfolg den großen Drehimpuls der Galaxien zu erklären. Mit anderen Worten, was uns vom Standpunkt der klassischen Mechanik unerklärbar erscheint, wird möglich bei Teilchen mit solch ungewöhnlichen quantenmechanischen Eigenschaften. Aber noch ist der konkrete Mechanismus nicht entdeckt, der es schafft, daß sich aus den mit der Zeit zerfallenden überschweren Hadronen die beobachteten Galaxien entwickeln, deren Verhalten sich in die Gesetze der klassischen Mechanik einfügt.

Insbesondere geht es darum, wie sich von diesen überdichten und übermassiven Praegalaxien, den Hadronen, die weniger massiven, aber trotzdem noch sehr dichten praestellaren Körper ablösen, aus denen Assoziationen und Sternhaufen entstehen. Natürlich muß man diese Überlegungen über supermassive Hadronen als ganz vorläufige Spekulationen betrachten. Sie sind noch nicht bestätigt.

Wenn wir zum nächsten Niveau der Hierarchie übergehen, müssen wir die Eigenschaften der Galaxienhaufen erklären. Hier ist die ungewöhnlich große Geschwindigkeitsdispersion der Galaxien innerhalb vieler Haufen eine interessante Erscheinung. In diesen Fällen reicht die beobachtete Masse der Galaxien nicht aus, mittels des gesamten Gravitationspotentials solche Haufen vor dem Zerfall zu bewahren. Deshalb sind zwei gegensätzliche Interpretationen entstanden: Nach der einen enthalten die Galaxienhaufen außer der in Galaxien zu beobachtenden Masse noch eine unsichtbare Masse, die weit die Gesamtmasse der beobachteten Galaxien übersteigt. Nach der anderen Meinung, die wir etwa vor zwanzig Jahren äußerten, zerfallen tatsächlich viele Galaxienhaufen.

Ich will hier nicht die zahlreichen Versuche beschreiben, die unternommen wurden, um diese unsichtbare oder „fehlende" Masse mit verschiedenen Komponenten des diffusen Mediums in Galaxienhaufen zu identifizieren. Ich erwähne nur, daß alle diese Versuche fehlschlugen.

Offensichtlich haben wir es in diesem Fall tatsächlich mit einer Reihe von aufeinanderfolgenden Fragmentationen zu tun. Dabei erhalten die einzelnen Fragmente, die Galaxien, manchmal Geschwindigkeiten, die ausreichen, um den Haufen zu verlassen. Abschließend können wir sagen, daß wir auf allen beobachteten Stufen der kosmischen Hierarchie Erscheinungen des Zerstreuens und des Zerfalls antreffen.

Es gibt wahrscheinlich keinen Astronomen mehr, der die große Bedeutung dieser Tatsache verneinen würde. Wir sehen aber in diesen Fakten die Grundrichtung der Entwicklung im Weltall, wobei wir nicht abstreiten, daß auch Prozesse der Kondensation und Verdichtung in irgendeinem Medium zu anderen Zeiten und in anderen, von uns sehr entfernten Gebieten des Raumes möglich sind.

Wie ich mehrmals erwähnte, ist ein Komplex von Meinungen sehr verbreitet, wonach die beschriebenen Erscheinungen von Expansion, Ausströmen und Ausbrüchen, die wir auf allen Stufen der kosmischen Hierarchie unmittelbar beobachten, nur sekundäre Ergebnisse entgegengesetzter Prozesse sind, nämlich von Kondensation, Einströmen und Kollaps.

Die Anhänger dieser Meinung behaupten, daß diese Prozesse der Verdichtung von diffuser Materie und des Kollaps vorherrschen.

Es wurde fälschlich behauptet, daß dieser andere Standpunkt die beobachteten Erscheinungen nicht erfolgreich erklären könne. Insoweit er nicht irgendwelche ungewöhnlichen Anfangszustände der Materie voraussetzt, kann er Modelle von einigen Erscheinungen erstellen, erreicht aber nur in einigen Gebieten große Übereinstimmung mit Beobachtungen durch Auswahl der Modellparameter.

Aber wenn wir an Voraussagen neuer Erscheinungen denken, dann scheint uns der in diesem Vortrag dargelegte Standpunkt um einiges fruchtbarer zu sein. Aber nur die künftige Entwicklung der Wissenschaft wird es erlauben, endgültig die Frage zu klären, welche der beiden Tendenzen auf den einzelnen Stufen der kosmischen Treppe dominiert.

Sie sahen, daß man notwendigerweise die Existenz von übermassiven und überdichten Körpern in der Anfangsphase der Entwicklung annehmen muß, wenn man den hier entwickelten Standpunkt teilt.

Weit üblicher aber ist die Meinung, daß nach der heutigen theoretischen Physik überdichte Körper eine maximale Masse von der Größenordnung einer Sonnenmasse haben müssen. Andernfalls müßten sie sich zu sogenannten „Schwarzen Löchern" umwandeln.

Wir glauben aber nicht, daß dem so ist. Unser hervorragender Kollege in der DDR, Professor Treder, hat nachgewiesen, daß es auch im Rahmen einer relativistischen Gravitationstheorie eine „Absorption der Schwerkraft" geben kann. In den bisher entwickelten theoretischen Modellen ist diese Erscheinung nicht berücksichtigt worden. Bei sehr großen Dichten kann sie aber eine entscheidende Rolle spielen. Wahrscheinlich sind auch andere Varianten für den Aufbau von übermassiven kompakten Körpern möglich.

Selbstverständlich darf man nicht vergessen, daß wir hier ein Gebiet betreten, in dem die Auswahl der richtigen Variante einer Theorie der starken Gravitationsfelder eine hohe Bedeutung gewinnt, weil wir zu berücksichtigen haben, daß ungewöhnliche Elementarteilchen existieren können, bei denen diese Felder und verschiedene Quanteneffekte eine große Rolle spielen.

Es ist sehr kompliziert, die Theorie in dieser Richtung zu entwickeln. Es wird aber kaum gelingen, wenn man nicht eng mit der Beobachtung verbunden bleibt.

Die Astronomie ist und bleibt eine beobachtende Wissenschaft. Die Untersuchung der Fakten ist ihre einzige Grundlage. Wenn wir uns auf sorgfältige Untersuchungen des unübersehbaren und mannigfaltigen Faktenmaterials stützen, das in den letzten Jahrzehnten entdeckt wurde, dann kann man hoffen, daß die Astronomie neue Erfolge erzielen und zu neuen Verallgemeinerungen gelangen wird.

G. Hertz

Aus den Anfangsjahren der Quantenphysik

Das Jubiläumsjahr unserer Akademie ist auch für die Physiker ein Gedenkjahr besonderer Bedeutung: 75 Jahre sind vergangen, seit Max Planck die Hypothese der Energiequanten eingeführt und damit den Anstoß zu einer Entwicklung gegeben hat, welche das Bild der Physik im Laufe weniger Jahrzehnte vollständig verändern sollte. Für einen Physiker der heutigen Generation ist es fast unmöglich, sich in die damalige Zeit zurückzuversetzen. Deshalb möchte ich versuchen, die Anfänge dieser Entwicklung aus der Sicht eines Physikers zu schildern, welcher diese entscheidenden Jahre selbst tätig miterlebt hat.

Als Ausgangspunkt wählen wir etwa das Jahr 1890. Um diese Zeit war die Entwicklung der klassischen Physik im wesentlichen abgeschlossen, nachdem H. Hertz drei Jahre vorher durch den Nachweis der elektromagnetischen Wellen den Streit zwischen der alten Fernwirkungstheorie und der Maxwellschen Nahewirkungstheorie endgültig zugunsten der letzteren entschieden hatte. Das Kernstück der theoretischen Physik bildete die mathematisch bis zu einem hohen Grade von Vollkommenheit entwickelte Mechanik. Ebenso wie die Mechanik war die gesamte klassische Physik auf der Vorstellung der kontinuierlichen Veränderlichkeit aller physikalischen Größen aufgebaut. Demgemäß wurden die allgemeinen physikalischen Gesetze in der Form von Differentialgleichungen formuliert, also von Beziehungen zwischen den physikalischen Größen und ihren räumlichen und zeitlichen Ableitungen. Beispiele dafür sind die Grundgleichungen der Hydrodynamik, aus denen alle in einer Flüssigkeit möglichen Bewegungsvorgänge abgeleitet werden können, oder die Maxwellschen Gleichungen der Elektrodynamik. In diesen Differentialgleichungen vorkommende Konstanten charakterisieren die Eigenschaften der Substanzen, in denen die Vorgänge ablaufen, etwa die Dichte und die Kompressibilität einer Flüssigkeit oder die Leitfähigkeit eines Metalls. Diese experimentell bestimmbaren Materialkonstanten wurden im allgemeinen als durch die Natur gegeben angesehen. An die Möglichkeit, sie etwa aus dem atomaren Aufbau der Körper zu berechnen, konnte damals noch nicht gedacht werden.

Es gab allerdings eine für die weitere Entwicklung sehr bedeutende Ausnahme, nämlich die kinetische Theorie der Gase. Ausgehend von der Erkenntnis der Gleichartigkeit von thermischer und mechanischer Energie hatten schon 1856 bzw. 1857 A. Krönig und R. Clausius die Grundlagen dieser Theorie entwickelt. Sie nahmen an, daß zwischen den Molekülen eines Gases auf die Entfernung keine Kräfte wirken, daß sie sich daher geradlinig durch den Raum bewegen und nur bei Zusammenstößen mit anderen Molekülen mit diesen Energie und Impuls austauschen. Die Temperatur wird erklärt als ein Maß für die mittlere kinetische Energie eines Moleküls, der Druck durch den bei Stößen der Moleküle auf die Wand an diese übertragenen Impuls. In ihrer durch Maxwell erweiterten Form erklärte diese Theorie nicht nur das thermische Verhalten eines idealen Gases, sondern darüber hinaus auch die bis dahin unverstandenen Erscheinungen der inneren Reibung, der Diffusion und der Wärmeleitung. Als maßgebend für die drei letztgenannten Erscheinungen erwies sich die mittlere Länge des von einem Molekül zwischen zwei Zusammenstößen frei zurückgelegten Weges. Diese mittlere Weglänge läßt sich aus Meßergebnissen berechnen. Aus den so gewonnenen Werten der mittleren Weglänge einerseits und andrerseits der Dichte des betreffenden Gases in verflüssigtem Zustande konnte J. Loschmidt im Jahre 1865 erstmalig den Molekülradius und die Zahl der Moleküle pro Mol annähernd richtig berechnen.

Die Erfolge der kinetischen Theorie waren so groß, daß an der Richtigkeit der ihr zugrunde liegenden Vorstellungen kaum ein Zweifel möglich war. In dem Lehrgebäude der klassischen theoretischen Physik aber bildete sie in zweifacher Beziehung einen Fremdkörper: Einerseits widersprach die hier in die Physik eingeführte atomistische Behandlung der bisherigen Auffassung eines Gases als eines Kontinuums, andrerseits war die Deutung von Druck und Temperatur als statistische Mittelwerte schwer mit der bisherigen Meinung in Einklang zu bringen, es handle sich dabei um scharf bestimmte und mit beliebiger Genauigkeit meßbare Größen. So kam es, daß noch um die Jahrhundertwende so bedeutende Forscher wie E. Mach und W. Ostwald aus ihrer positivistischen Einstellung heraus die Realität der Atome als keineswegs bewiesen ansahen. Erst die im Jahre 1904 von M. von Smoluchowski entwickelte und von A. Einstein weitergeführte Theorie der thermodynamischen Schwankungen lieferte, besonders durch ihre Erklärung der Brownschen Molekularbewegung, einen so unmittelbaren Beweis für den statistischen Charakter der hier betrachteten Erscheinungen, daß auch die letzten Zweifler überzeugt wurden.

Über den Aufbau des Atoms aus kleineren Bestandteilen konnte man sich noch keine Gedanken machen, solange man noch keine kleineren Teilchen kannte. Tatsächlich ist aber das Elektron als selbständiges geladenes Teilchen erst im Jahre 1897 entdeckt worden, also nur drei Jahre früher als das Plancksche Wirkungsquantum.[1] Die Geschichte der Entdeckung des Elektrons ist ein interessantes Beispiel dafür, wie durch die irrtümliche Deutung eines Experiments die Entwicklung der Wissenschaft um viele Jahre verzögert werden kann. Das Experiment, um welches es sich hier handelt, ist der im Jahre 1883 von H. Hertz angestellte Versuch, die elektrische Ablenkung der Kathodenstrahlen nachzuweisen. Die Kathodenstrahlen waren damals schon mehr als 20 Jahre bekannt, ohne daß man sich über ihre eigentliche Natur klar geworden wäre. Die starke Ablenkung, welche sie in einem magnetischen Felde erfahren, legte es nahe, sie als einen Strahl von negativ geladenen Teilchen aufzufassen, was sie ja auch tatsächlich sind. Ein solcher Strahl von geladenen Teilchen muß auch durch ein elektrisches Feld abgelenkt werden, und Hertz versuchte, diese elektrische Ablenkung experimentell nachzuweisen. Das Ergebnis war völlig negativ. Heute kennen wir das Verhalten verdünnter ionisierter Gase, und wir können verstehen, wie dies irreführende Ergebnis zustande kam. Das Vakuum war ungenügend, und es war infolgedessen nicht möglich, innerhalb des durch die Kathodenstrahlen ionisierten Gases ein elektrisches Feld genügender Stärke aufrechtzuerhalten. Erst 14 Jahre später gelang es J. J. Thomson, unter einwandfreien experimentellen Bedingungen die elektrische und die magnetische Ablenkung der Kathodenstrahlen zu messen und daraus das Verhältnis der Ladung zur Masse des Elektrons zu bestimmen, dessen Existenz damit erwiesen war. In der Zwischenzeit blieb die Natur der Kathodenstrahlen unbekannt. Unter anderem rechnete Helmholtz mit der Möglichkeit, es handle sich dabei um longitudinale Wellen des Lichtäthers. Bemerkenswert ist, daß auch Röntgen sich über die Natur der Kathodenstrahlen noch völlig im Unklaren war, als er im Jahre 1895 die nach ihm benannten Strahlen entdeckte.

Gleichzeitig mit der Entdeckung des Elektrons als freies Teilchen brachte das Jahr 1897 noch eine weitere für die spätere Atomphysik äußerst wichtige Erkenntnis. Ein Jahr vorher hatte P. Zeeman den nach ihm benannten Effekt entdeckt: die Aufspaltung der Spektrallinien als Folge eines auf das emittierende Atom wirkenden Magnetfeldes. Kurz vorher hatte H. A. Lorentz in seiner Elektronentheorie die Dispersion des Lichts in durchsichtigen Körpern auf das Vorhandensein von schwingungsfähigen elektrisch geladenen Teilchen zurückgeführt, wobei die Natur dieser Teilchen noch unbestimmt blieb. Nach Bekanntwerden der Zeemanschen Entdeckung untersuchte Lorentz den Einfluß

[1] Eine eingehende Darstellung der Geschichte der Entdeckung des Elektrons findet sich in dem Beitrag von W. Gerlach „Zur Vorgeschichte der Atomistik: Die Analyse der Kathodenstrahlen in den Jahren 1893 bis 1899“, Nova Acta Leopoldina N. F. Band 27, S. 265–316, 1963.

eines Magnetfeldes auf die Bewegung und damit auf die Strahlung eines elastisch gebundenen geladenen Teilchens. Dabei gelang es ihm, nicht nur die ZEEMANschen Beobachtungen in wesentlichen Einzelheiten zu erklären, es ergab sich vielmehr auch die Möglichkeit, aus der Größe der von ZEEMAN gemessenen Aufspaltung das Verhältnis der Ladung zur Masse der im Atom schwingenden geladenen Teilchen zu berechnen. Obgleich der so erhaltene Wert sehr nahe übereinstimmte mit dem von THOMSON für die Kathodenstrahl-Teilchen ermittelten, wurde erst ein Jahr später zum ersten Male von A. SCHUSTER die Vermutung geäußert, es handle sich in beiden Fällen um die gleiche Art von Teilchen. Damit war das Elektron zum zweiten Male entdeckt, diesmal als gebundenes Elektron und Bestandteil des Atoms. Gleichzeitig war erwiesen, daß die Schwingungen solcher gebundener Elektronen die Ursache der Emission der für das Atom charakteristischen Spektrallinien sind.

Nachdem somit um die Jahrhundertwende das Elektron als Bestandteil des Atoms erkannt war, konnte nunmehr die Frage nach dem Aufbau des Atoms und nach der Natur der zwischen seinen Bestandteilen wirkenden Kräfte gestellt werden. Wenn ein Elektron das Licht einer Spektrallinie, also Strahlung einer bestimmten Frequenz, ausstrahlen sollte, so mußte es, vom Standpunkt der klassischen Physik betrachtet, selbst mit dieser konstanten Frequenz schwingen. Das bedeutet, daß es unter dem Einfluß einer quasielastischen Kraft stehen muß, deren Größe der Entfernung des Elektrons von seiner Ruhelage proportional ist. Da die Kräfte zwischen elektrisch geladenen Teilchen umgekehrt proportional dem Quadrat ihrer Entfernung sind, schien es zunächst unmöglich, die geforderte quasielastische Kraft durch rein elektrische Kräfte zu erklären. Eine mögliche Lösung brachte das im Jahre 1903 von J. J. THOMSON erdachte und nach ihm benannte Atommodell. Es besteht aus einer kugelförmig begrenzten positiven Raumladung konstanter Ladungsdichte, innerhalb welcher ein Elektron frei beweglich sein soll. Nach den Gesetzen der Elektrostatik wirkt auf das Elektron unter diesen Umständen tatsächlich eine zum Mittelpunkte gerichtete Kraft, welche dem Abstande vom Mittelpunkte proportional ist. Auf diese Weise konnte jedoch nur die Emission einer einzigen Spektrallinie verstanden werden. Der Versuch, durch die Annahme mehrerer Elektronen innerhalb der positiven Raumladung das Verhalten der wirklichen Atome mit ihrer großen Zahl von Spektrallinien zu erklären, führte nicht zum Erfolg. Die Bedeutung des THOMSONschen Modells besteht darin, daß hier zum ersten Male der Versuch gemacht wurde, die Eigenschaften der Atome durch die Bewegungen der in ihnen enthaltenen Elektronen unter dem Einfluß rein elektrischer Kräfte zu erklären.

Zu völlig anderen Vorstellungen vom Aufbau des Atoms kam etwa um dieselbe Zeit P. LENARD auf Grund von Versuchen über die Streuung und

Absorption von Kathodenstrahlen. Schon H. HERTZ hatte gefunden, daß schnelle Kathodenstrahlen durch dünne Metallfolien hindurch treten. Eine Erscheinung, welche von LENARD benutzt worden war, um mit Hilfe des nach ihm genannten Fensters Kathodenstrahlen aus der Entladungsröhre in die Luft austreten zu lassen. Auf diese Weise hatte er die Möglichkeit, die Ausbreitung der Kathodenstrahlen in Gasen zu untersuchen. Das überraschende Ergebnis war, daß schnelle Kathodenstrahlen in ihrer Ausbreitung durch die Gasmoleküle in sehr viel geringerem Maße behindert werden, als man nach der aus der kinetischen Gastheorie bekannten Größe der Moleküle erwarten sollte. Um seine Meßergebnisse verstehen zu können, mußte LENARD annehmen, daß fast das ganze Volumen eines Atoms völlig leer sei und von den Elektronen des Kathodenstrahls ungestört durchlaufen werden könne, daß die gesamte Masse des Atoms aber in einem äußerst kleinen Bruchteil seines Volumens konzentriert sei. Auf Grund dieser Vorstellungen entwarf er das als Dynamiden-Modell bezeichnete Bild eines Atoms. Hiernach besteht das Atom aus einer Anzahl von Dynamiden genannten Kraftzentren, welche nur einen äußerst geringen Raum einnehmen, aber die Träger der gesamten Masse und der Wechselwirkung des Atoms mit anderen Teilchen oder Strahlungen sind. Um seine Beobachtungen in verschiedenen Gasen zu erklären, nahm er die Zahl der Dynamiden im Atom als annähernd proportional dem Atomgewicht an. Wenn sich seine Vorstellungen auch im einzelnen nicht bestätigt haben, so bedeutete der experimentelle Nachweis der äußerst geringen Raumerfüllung des Atoms doch einen bedeutenden Schritt vorwärts.

Den nächsten und entscheidenden Schritt tat E. RUTHERFORD im Jahre 1911. Inzwischen hatte sich die physikalische Szene infolge neuer Entdeckungen, wie die der Röntgenstrahlen und der Radioaktivität, bedeutend erweitert. Dabei hatten sich für die experimentelle Forschung ganz neue Möglichkeiten ergeben. In den α-Strahlen hatte man doppelt positiv geladene Helium-Atome so großer Energie zur Verfügung, daß man die Wirkung eines einzelnen solchen Atoms beobachten, die Atome also zählen konnte. Von dieser Möglichkeit machte RUTHERFORD bei der Untersuchung der Streuung von α-Strahlen Gebrauch. Seine Versuchsanordnung war äußerst einfach. Er ließ ein Bündel von α-Strahlen auf eine Metallfolie fallen und beobachtete die Richtungsverteilung der aus der Folie wieder austretenden α-Teilchen. Zur Zählung dieser Teilchen benutzte er die schwachen, aber mit einer Lupe gerade noch wahrnehmbaren Lichtblitze, welche die einzelnen Teilchen beim Auftreffen auf einen fluoreszierenden Schirm hervorrufen. Das Ergebnis bestätigte zunächst den LENARDschen Befund der äußerst geringen Raumerfüllung des Atoms: Die große Mehrzahl der α-Teilchen durchsetzte die Folie ohne merkliche Richtungsänderung. Darüber hinaus aber konnte RUTHERFORD aus der Richtungsverteilung der wenigen stark abgelenkten Teilchen auf die Ursache dieser Ablenkung schließen, also auf das elektrische Feld im Inneren des Atoms. Diese Richtungsverteilung ließ sich vollständig durch das einfache COULOMB-Feld einer im Mittelpunkt des Atoms befindlichen nahezu punktförmigen positiven Ladung erklären. Das führte RUTHERFORD zu der Vorstellung eines sehr kleinen, positiv geladenen, Atomkerns, in welchem fast die ganze Masse des Atoms konzentriert ist. Vervollständigt wird das Modell durch um den Kern kreisende Elektronen, deren Zahl gleich der Zahl der positiven Elementarladungen im Kern ist. Ihr Einfluß auf die Streuung der α-Strahlen ist verschwindend klein, weil ihre Masse etwa 8000mal kleiner ist als die eines α-Teilchens, so daß nach dem Impulssatz nur äußerst geringe Energiebeträge an sie übertragen werden können.

Bis dahin war die Entwicklung noch streng im Rahmen der klassischen Physik verlaufen. Mit dem RUTHERFORDschen Atommodell aber war ihre Grenze erreicht. Zwar hatte RUTHERFORD die Ablenkung der α-Teilchen im elektrischen Felde der Kernladung noch nach den Gesetzen der klassischen Mechanik berechnet, die Annahme von Elektronen aber, welche um den Kern kreisen, ohne dabei ihre Energie auszustrahlen und schließlich in den Kern zu fallen, war mit der klassischen Elektrodynamik nicht vereinbar. Die Auflösung dieses Widerspruchs brachte die Quantentheorie. Dies ist aber keineswegs so zu verstehen, daß die Quantentheorie als bereits fertige Theorie nur auf das Atommodell hätte angewandt werden müssen. Auch die Quantentheorie stand damals noch in ihren ersten Anfängen, und sie hat sich erst in ihrer Anwendung auf die Probleme des Atombaus zu einer geschlossenen und in sich widerspruchsfreien Disziplin entwickelt. Der Ausgangspunkt für diese Entwicklung war bekanntlich die im Jahre 1900 von MAX PLANCK aufgestellte Quantenhypothese.

Kurz vorher war es ihm gelungen, auf halbempirische Weise das Gesetz der Energieverteilung im Spektrum der Wärmestrahlung eines schwarzen Körpers aufzufinden. Bei dem Versuch, dieses Gesetz theoretisch zu begründen, erkannte er, daß diese Aufgabe nur mittels des Verfahrens der statistischen Physik möglich sei. Er betrachtete einen Hohlraum mit spiegelnden Wänden, innerhalb dessen sich viele elektrische Oszillatoren verschiedener Frequenzen im statistischen Gleichgewicht mit der der vorhandenen Temperatur entsprechenden Wärmestrahlung befinden. Nach dem Vorbilde von BOLTZMANN suchte er, den Zustand des thermischen Gleichgewichts als den Zustand größter statistischer Wahrscheinlichkeit zu ermitteln. Die Wahrscheinlichkeit dafür, daß ein bestimmter Zustand realisiert wird, hängt natürlich davon ab, wie viele und welche Zustände überhaupt möglich sind, und hier kam die Überraschung: Um zu der richtigen Form des Strahlungsgesetzes zu kommen, durfte PLANCK als mögliche Zustände nur solche zulassen, bei denen die Energie jedes einzelnen Oszillators ein ganzzahliges Vielfaches eines Betrages $h\nu$ ist, wobei ν die Frequenz des betreffenden Oszillators und h eine universelle Konstante bedeutet, deren Größe man aus den Ergebnissen der Strahlungsmessungen ableiten kann. Die Annahme, daß schwingungsfähige Gebilde sich tatsächlich so verhalten, daß sie also Energie nur in Quanten von der Größe $h\nu$ aufnehmen oder abgeben können, bezeichnet man als die PLANKsche Quantenhypothese. PLANCK selbst hat sich allerdings lange gegen diese Auffassung gesträubt und versucht, mit weniger radikalen Abweichungen von der klassischen Physik auszukommen. So kam es, daß die PLANCKsche Arbeit zunächst ohne wesentliche Auswirkung blieb. Erst 5 Jahre später griff A. EINSTEIN den PLANCKschen Gedanken in erweiterter Form auf in seiner Theorie des Photoeffektes. Seit längerem war bekannt, daß ultraviolettes Licht beim Auftreffen auf eine Metalloberfläche aus dieser Elektronen auslösen kann. Die experimentelle Untersuchung dieser Erscheinung hatte zwei Tatsachen ergeben: für jedes Metall gibt es eine Grenzfrequenz derart, daß die Auslösung von Elektronen aus diesem Metall nur erfolgt, wenn die Frequenz des Lichtes höher ist als diese Grenzfrequenz. Die Geschwindigkeit der austretenden Elektronen ist unabhängig von der Intensität des auslösenden Lichtes und nur abhängig von dessen Frequenz, und zwar nimmt sie mit steigender Frequenz zu. Dieses vom Standpunkte der klassischen Physik aus unverständliche Verhalten erklärte EINSTEIN auf einfachste Weise durch die Annahme, daß das Licht an die im Metall vorhandenen Elektronen Energie nur in Quanten von der Größe $h\nu$ abgeben könne. Die Energie des austretenden Elektrons ergibt sich dann ohne weiteres als die ihm zugeführte Energie, vermindert um die Austrittsarbeit A, welche notwendig ist, um ein Elektron aus dem Inneren des Metalls nach außen zu befördern.

$$\frac{m}{2} v^2 = h\nu - A$$

Die Energie des austretenden Elektrons ist hiernach also tatsächlich nur durch die Frequenz des auslösenden Lichts bestimmt. Auch die Grenzfrequenz findet eine einfache Deutung: Sie ist gleich der Austrittsarbeit dividiert durch die PLANCKsche Konstante.

Indem EINSTEIN der Lichtstrahlung selbst eine quantenhafte Struktur zuschrieb, ging er über PLANCK hinaus, und entwickelte er dessen Vorstellungen zur Lichtquanten-Hypothese.[2]

[2] PLANCK selbst war mit dieser Erweiterung seiner Hypothese keineswegs einverstanden. Der von Planck im Jahre 1913 verfaßte Wahlvorschlag zur Aufnahme von Einstein in die Berliner Akademie enthält den folgenden Satz: „Daß er in seinen

Im Gegensatz zum statistischen Charakter von PLANCKS Behandlung der Wärmestrahlung behandelt EINSTEIN im Falle des Photoeffekts einen Einzelvorgang, nämlich die Wechselwirkung zwischen einem Lichtquant und einem Elektron. Wenn seine Auffassung richtig war, so lieferten die Erscheinungen des Phtoeffekts den überzeugenden Beweis dafür, daß für die Beschreibung einer solchen Wechselwirkung im atomaren Bereich die klassische Elektrodynamik nicht genügte, daß sie vielmehr durch Quantengesetze ersetzt werden müßte.

Eine weitere starke Stütze erhielt der Quantengedanke durch die im Jahre 1907 von EINSTEIN vorgeschlagene und später von DEBYE durchgeführte Anwendung der PLANCKschen Hypothese auf die spezifische Wärme fester Körper. Nach den Gesetzen der statistischen Mechanik sollte diese von der Temperatur unabhängig sein, in Wirklichkeit aber nimmt sie bei allen Körpern bei genügend tiefer Temperatur stark ab. EINSTEIN wies darauf hin, daß die thermische Bewegung der Atome im festen Körper eine Schwingungsbewegung sei, daß man ihnen nach PLANCK als mögliche Werte ihrer Energie also nur ganzzahlige Vielfache des Betrages $h\nu$ zuschreiben dürfe, wobei ν die Frequenz der betrachteten Schwingung ist. Die auf dieser Grundlage im Jahre 1911 von DEBYE durchgeführte Theorie lieferte wirklich die vollständige Erklärung der beobachteten Erscheinungen.

Damit waren die Voraussetzungen gegeben für die berühmten Arbeiten, in denen N. BOHR im Jahre 1913 die Quantentheorie auf das RUTHERFORDsche Atommodell anwandte. Er ging dabei von der PLANCKschen Grundannahme aus, daß es für einen elektrischen Oszillator eine Reihe von diskreten Zuständen gebe, deren Energiewerte sich jeweils um den Betrag $h\nu$ unterscheiden, und daß die Emission oder Absorption von Licht mit dem Übergang des Oszillators aus einem dieser Zustände in einen anderen verbunden sei. Genauso nahm BOHR auch für ein um einen positiv geladenen Kern kreisendes Elektron eine Reihe von stationären Zuständen an, in welchen es, ohne zu strahlen, existieren kann. Die Ausstrahlung einer Spektrallinie aber sollte beim Übergang aus einem stationären Zustand in einen anderen erfolgen. Dabei sollte die Frequenz des ausgestrahlten Lichts entsprechend der EINSTEINschen Lichtquanten-Hypothese durch die Bedingung bestimmt sein, daß das ausgestrahlte Quant $h\nu$ gleich der Energiedifferenz zwischen den beiden Zuständen ist, zwischen denen der Übergang erfolgt.

Spekulationen gelegentlich auch einmal über das Ziel hinausgeschossen haben mag, wie z. B. in seiner Hypothese der Lichtquanten, wird man ihm nicht allzuschwer anrechnen dürfen; denn ohne einmal ein Risiko zu wagen, läßt sich auch in der exaktesten Naturwissenschaft keine wirkliche Neuerung einführen."

Für die Richtigkeit dieser Auffassung sprach eine Erfahrung, welche die Spektroskopiker bei der Ausmessung und Analyse einer großen Zahl von Linienspektren gemacht hatten: Die Gesamtheit der Spektrallinien eines Elements läßt sich auf ein System von Größen, die sogenannten Terme, zurückführen, dergestalt, daß die Wellenzahl einer jeden Spektrallinie gleich der Differenz zweier Terme ist:

$$\frac{1}{\lambda} = T_m - T_n$$

Hier ist λ die Wellenlänge der Spektrallinie, T_m und T_n sind die dazugehörigen Terme. Um die Bedeutung der Terme im Sinne der Bohrschen Vorstellungen zu erkennen, multiplizieren wir diese Gleichung mit hc (h Plancksche Konstante, c Lichtgeschwindigkeit) und erhalten:

$$h\nu = hcT_m - hcT_n$$

Da $h\nu$ das bei der Emission von Licht der Frequenz ν abgegebene Lichtquant, also die Änderung der Energie des Atoms beim Übergang aus dem einen in den anderen stationären Zustand ist, so bedeuten hcT_n und hcT_m die Werte der Energie des Atoms in den beiden Zuständen vor bzw. nach diesem Übergang. Im Sinne der Bohrschen Theorie erhalten die Terme also eine neue Bedeutung: Es sind die durch hc dividierten Werte der Energie des Atoms in seinen verschiedenen stationären Zuständen.

Wir betrachten mit Bohr zunächst den einfachsten Fall, das Wasserstoffatom, welches nach Rutherford aus einem einfach positiv geladenen Kern und einem ihn umkreisenden Elektron besteht. Sein Spektrum läßt sich auf eine einfache Reihe von Termen zurückführen. Das bedeutet: Die Wellenzahlen sämtlicher Linien dieses Spektrums lassen sich mit größter Genauigkeit durch eine einzige Gleichung darstellen:

$$\frac{1}{\lambda} = \frac{R}{m^2} - \frac{R}{n^2}.$$

R ist eine Konstante, sie wird als die Rydberg-Konstante bezeichnet, m und n sind ganze Zahlen mit $n > m$. Die Deutung dieses Sachverhalts im Sinne der Bohrschen Theorie ist aus der in Abb. 1 gegebenen graphischen Darstellung zu erkennen. Hier sind die Terme $\frac{R}{n^2}$ in der Richtung von oben nach unten aufgetragen. Die horizontalen Linien entsprechen den einzelnen Termwerten, sie stellen also nach Bohr die Energieniveaus des Wasserstoffatoms in seinen verschiedenen stationären Zuständen dar. Die vertikalen Pfeile bedeuten die möglichen Übergänge, dabei ist die Länge der einzelnen Pfeile gleich der Wellenzahl der bei dem betreffenden Übergang ausgestrahlten Spektrallinie. Das zu n = 1 gehörige unterste Niveau entspricht dem Zustand geringster Energie des Atoms. Es ist der Grund- oder Normalzustand, denn von ihm aus gibt es keine Übergänge zu Zuständen noch kleinerer Energie. Der dem Grenzwert $n = \infty$ entsprechende obere Rand der Figur bedeutet den Zustand, in welchem das Elektron als freies Elektron vom Atom abgelöst ist. Die einzelnen Termwerte sind also ein Maß für die Bindungsenergie des Elektrons in den stationären Zuständen.

Um das Spektrum des Wasserstoffs auf der Grundlage des Rutherfordschen Atommodells zu erklären, war es also notwendig, aus der nach der klassischen Theorie kontinuierlichen Folge aller möglichen Elektronenbahnen eine diskrete Reihe als stationäre Zustände herauszugreifen, und zwar derart, daß die zugehörigen Bindungsenergien sich umgekehrt verhalten wie die Quadrate der ganzen Zahlen. Durch Überlegungen, auf welche näher einzugehen hier nicht nötig ist, wurde Bohr zu der Vermutung geführt, die stationären Zustände seien

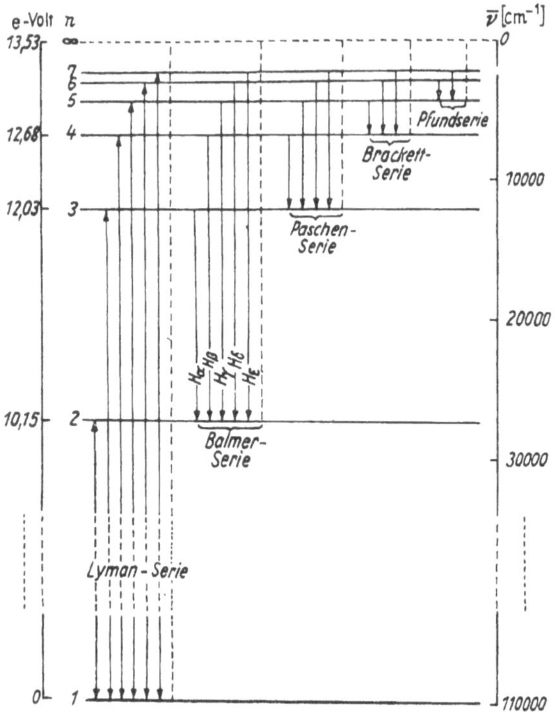

Abb. 1. Termschema des Wasserstoff-Spektrums

durch bestimmte Werte des Drehimpulses ausgezeichnet, und zwar sollte der Drehimpuls ein ganzzahliges Vielfaches der Größe $\frac{h}{2\pi}$ sein. Ist r der Bahnradius, e die Ladung, m die Masse des Elektrons und v seine Geschwindigkeit, so sollten also von allen möglichen Kreisbahnen nur diejenigen stationäre Zustände darstellen, für welche die Beziehung gilt:

$$2\pi\, mvr = nh$$

Andrerseits muß für alle im Sinne der klassischen Physik möglichen Kreisbewegungen die Zentrifugalkraft gleich der COULOMBschen Anziehungskraft sein, also:

$$\frac{e^2}{r^2} = \frac{mv^2}{r}$$

Damit hatte BOHR zwei Gleichungen, aus denen er die Größen r und v und damit auch die Energie in ihrer Abhängigkeit von der Quantenzahl n berechnen konnte. Er erhielt

$$r_n = \frac{n^2 h^2}{4\pi^2 e^2 m}, \quad W = \frac{2\pi^2 me^4}{n^2 h^2}$$

Einsetzen der bekannten Werte von e, m und h ergab für den Bahnradius im Grundzustande $n = 1$ einen Wert von $0{,}6 \cdot 10^{-8}$ cm in guter Übereinstimmung mit der nach der kinetischen Theorie der Gase zu erwartenden Größenordnung für den Atomradius. Ein ganz erstaunliches Ergebnis aber brachte die Berechnung der Bindungsenergie. Wie oben dargelegt, sollte die Bindungsenergie im Grundzustande nichts anderes sein als die RYDBERG-Konstante multipliziert mit hc. Die BOHRsche Theorie erlaubte also, diese Konstante allein aus den für das Elektron charakteristischen Größen e und m und den universellen Konstanten h und c zu berechnen:

$$R = \frac{2\pi^2 me^4}{h^3 c}$$

Daß der auf diese Weise berechnete Wert der RYDBERG-Konstanten innerhalb der Meßgenauigkeit mit dem aus den spektroskopischen Messungen übereinstimmte, war ein erster großer Erfolg der BOHRschen Theorie.

Wie reagierten nun die zeitgenössischen Physiker auf die im Jahre 1913 erschienene BOHRsche Arbeit? Ich selbst war damals Assistent am Berliner Physikalischen Institut und zusammen mit JAMES FRANCK mit Versuchen über das Verhalten von Elektronen in Edelgasen beschäftigt, welche später eine starke experimentelle Stütze für die Richtigkeit der BOHRschen Vorstellungen liefern sollten. Alle wichtigeren, neu in der Literatur erschienenen Arbeiten wurden damals in dem am Mittwoch Nachmittag stattfindenden Kolloquium diskutiert, an welchem alle namhaften Berliner Physiker teilnahmen. Leider kann ich mich nicht mehr daran erinnern, wer damals über die Bohrsche Arbeit referiert hat und welche Meinungen einzelne Teilnehmer dazu geäußert haben. Deshalb kann ich nur versuchen, den allgemeinen Eindruck wiederzugeben, welcher als Ergebnis dieser und weiterer Diskussionen im Kreise der jüngeren Physiker zurückblieb. Grundlage unseres Denkens war natürlich die klassische Physik. Durch die Quantenhypothese und ihre Anwendungen auf Wärmestrahlung, spezifische Wärme und Photoeffekt waren wir jedoch darauf vorbereitet, daß die klassische Physik sich bei der Behandlung atomarer Vorgänge als unzureichend erweisen würde. Außerdem hatten die vorhergehenden Jahre mit ihren Diskussionen über die Einsteinsche Relativitätstheorie die Physiker gelehrt, daß die Erweiterung einer klassischen Theorie über ihren bisherigen Gültigkeitsbereich hinaus nicht ohne gründliches Umdenken möglich ist. Man hätte vielleicht erwarten können, daß diese Erfahrung es uns erleichtert hätte, uns nun auch mit den fremdartigen Gedanken der Bohrschen Theorie abzufinden. Das war indessen nicht der Fall. Tatsächlich war der Sachverhalt in den beiden Fällen aber auch sehr verschieden. Im Falle der Relativitätstheorie ging es darum, die nur für kleine Geschwindigkeiten gültige klassische Theorie so zu erweitern, daß ihr Gültigkeitsbereich auch Geschwindigkeiten umfaßt, welche der Lichtgeschwindigkeit nahe kommen. Die neue Theorie ist, genau wie die alte, eine logisch geschlossene Theorie, deren Gleichungen für kleine Werte der Geschwindigkeit in die der alten übergehen. Die bei der Einführung der neuen Theorie auftretenden Schwierigkeiten waren begrifflicher Art und beruhten darauf, daß unsere gewohnte Denkweise nicht an Verhältnisse angepaßt ist, wie sie beim Auftreten hoher Geschwindigkeiten vorliegen.

Ganz anders war es bei der Bohrschen Theorie. Die Bewegung des Elektrons im elektrischen Felde der Kernladung wird hier streng nach den Gesetzen der klassischen Physik berechnet. Für die Wechselwirkung des gleichen Elektrons mit dem elektromagnetischen Felde der Lichtwellen dagegen werden diese Gesetze einfach außer Kraft gesetzt, ohne daß andere an ihre Stelle gesetzt werden. Statt dessen wird ohne Begründung ein Verhalten postuliert, welches mit den Grundlagen der elektromagnetischen Lichttheorie im schärfsten Widerspruch steht. Von einer logisch in sich geschlossenen Theorie konnte also damals noch keine Rede sein. So ist es denn auch nicht verwunderlich, daß die meisten Physiker dieser neuen Theorie gegenüber zunächst sehr skeptisch waren. Man hätte sie kaum ernst genommen, hätte sie nicht zur Berechnung des Atomdurchmessers und der Rydberg-Konstanten aus Ladung und Masse des Elektrons geführt. Die Genauigkeit, mit welcher sich für die Rydberg-Konstante der richtige Wert ergab, konnte kein Zufall sein.

Schon die nächsten zwei Jahre brachten weitere überzeugende Beweise für die Leistungsfähigkeit der neuen Theorie. Ihre Anwendung auf ein System bestehend aus einem doppelt positiv geladenen Kern und einem Elektron ergab das Spektrum des einfach positiv geladenen Helium-Ions. A. SOMMERFELD erweiterte die Theorie, indem er Ellipsenbahnen einführte und die Relativitätskorrektur berücksichtigte, und konnte auf diese Weise die Feinstruktur der Wasserstofflinien erklären. MOSELEY deutete die Röntgenspektren im Sinne der BOHRschen Theorie und erkannte die Kernladungszahl als maßgebend für die Reihenfolge der Elemente im Periodensystem. Nach diesen Erfolgen konnte an der Richtigkeit der BOHRschen Vorstellungen, insbesondere an der Existenz der stationären Zustände, kaum mehr gezweifelt werden, wenn auch eine befriedigende theoretische Begründung dafür nach wie vor fehlte.

Einen experimentellen Beweis für die Existenz der stationären Zustände und ihren Zusammenhang mit den Termen der Serienspektren sollten die von JAMES FRANCK und mir im Jahre 1912 begonnenen Versuche erbringen. Sie betrafen die Zusammenstöße zwischen Elektronen und Gasmolekülen. Das ursprüngliche Ziel dieser Versuche hatte mit Atom- oder Quantenphysik nichts zu tun. Es handelte sich vielmehr um die Prüfung einer von J. TOWNSEND entwickelten Theorie der Gasentladung. In dieser Theorie kommt es vor allem auf eine mit α bezeichnete Größe an, es ist die Zahl von Elektronen, welche von einem einzelnen Elektron unter dem Einfluß eines elektrischen Feldes beim Durchlaufen der Längeneinheit durch Zusammenstöße mit Gasmolekülen neu erzeugt werden. Diese Größe hatte TOWNSEND in ihrer Abhängigkeit von Gasdruck und Feldstärke in verschiedenen Gasen gemessen. Andrerseits hatte er in seiner Theorie die Größe α auf zwei für die Wechselwirkung zwischen Elektronen und Gasmolekülen charakteristische Größen zurückgeführt, nämlich die mittlere Weglänge der Elektronen und die Ionisierungsarbeit, also die Arbeit, welche nötig ist, um das Molekül zu ionisieren. Mit Hilfe dieser Theorie konnte er aus den gemessenen Werten von α die mittlere Weglänge der Elektronen und die Ionisierungsarbeit für verschiedene Gase berechnen.

Aus verschiedenen Gründen hatten wir Bedenken gegen die von TOWNSEND seiner Theorie zugrunde gelegten Annahmen und damit gegen die Richtigkeit der von ihm erhaltenen Werte für die Elektronenweglänge und die Ionisierungsarbeit. Wir beschlossen daher, den Versuch zu machen, diese Größen einzeln und möglichst unmittelbar zu messen. Für die Messung der Ionisierungsarbeit benutzten wir eine von LENARD angegebene, in Abb. 2 dargestellte Anordnung. Als Elektronenquelle dient der glühende Platindraht P. Die von diesem ausgehenden Elektronen werden durch eine zwischen P und dem Drahtnetz D angelegte Spannung beschleunigt, so daß sie mit bekannter kinetischer Energie in den Raum zwischen D und dem Auffangzylinder F eintreten. Zwischen D und F besteht eine die Elektronen verzögernde Spannung von solcher Größe, daß die Elektronen nicht auf F gelangen können. Wenn aber im Raume zwischen D und F bei Zusammenstößen zwischen Elektronen und Gasmolekülen positive Ionen entstehen, so werden diese durch das elektrische Feld zum Auffänger F gezogen. Das ergibt eine positive Aufladung von F, welche mit einem daran angeschlossenen Elektrometer gemessen wird. Abb. 3 gibt als

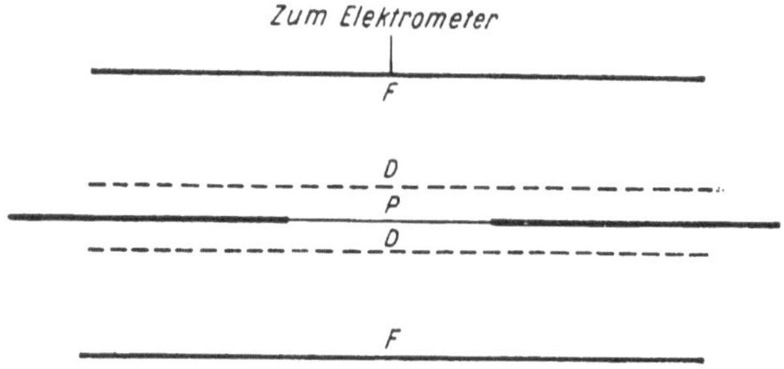

Abb. 2 Versuchsanordnung zur Messung der Ionisierungsspannung

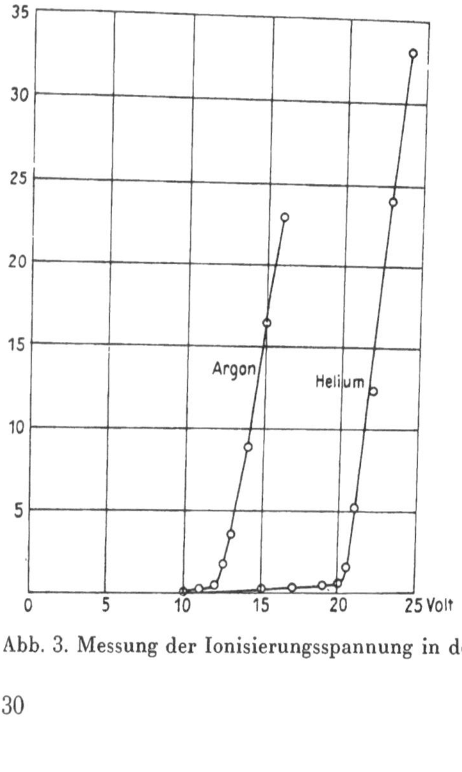

Abb. 3. Messung der Ionisierungsspannung in den Edelgasen Argon und Helium

Beispiel Meßergebnisse, die mit den Edelgasen Helium und Argon erhalten wurden. Die Kurven zeigen die positive Aufladung des Auffängers in ihrer Abhängigkeit von der die Elektronen beschleunigenden Spannung. Man erkennt, daß von einer bestimmten beschleunigenden Spannung an plötzlich eine steil ansteigende positive Aufladung auftritt. Wir schlossen daraus, daß diese Spannung die Ionisierungsspannung des betreffenden Gases sei, also die Spannung, welche ein Elektron mindestens frei durchlaufen haben muß, um imstande zu sein, beim Zusammenstoß mit einem Molekül dieses zu ionisieren. Da die kinetische Energie eines Elektrons proportional der von ihm frei durchlaufenen Spannung ist, so ist die Ionisierungsspannung ein Maß für die Ionisierungsarbeit; heute würde man sagen: Sie ist die Ionisierungsarbeit gemessen in der Einheit Elektronvolt. Wir glaubten also, die Ionisierungsarbeit gemessen zu haben. Wie sich später herausstellen sollte, war dies ein Irrtum. Die von uns beobachtete positive Aufladung war nicht die Folge einer Ionisierung, sie war vielmehr durch kurzwelliges, ultraviolettes Licht hervorgerufen, welche durch Photoeffekt Elektronen aus der Oberfläche des Auffängers auslöste. Daß eine solche Strahlung als Folge von Zusammenstößen auftritt, war damals noch nicht bekannt. Dieser Irrtum hat es uns später sehr erschwert, den Zusammenhang zwischen unseren Versuchsergebnissen mit der Bohrschen Theorie zu erkennen.

Mit der Townsendschen Theorie waren unsere Ergebnisse, besonders im Falle der Edelgase, nicht in Einklang zu bringen. Dieser Theorie lag die Annahme zugrunde, ein Elektron sollte beim Zusammenstoß mit einem Gasmolekül auch bei nicht ionisierenden Stößen stets seine ganze Energie verlieren. Wir bezweifelten die Richtigkeit dieser Annahme und versuchten daher, den Energieverlust des Elektrons bei einem Zusammenstoß unmittelbar zu messen. Die Versuchsanordnung zeigt Abb. 4. Die von einem Glühdraht emittierten Elektronen werden im Raume a durch eine angelegte Spannung beschleunigt, im Raume b stoßen sie mit Gasmolekülen zusammen, und im Raume c wird die Energieverteilung der ankommenden Elektronen analysiert, indem der auf die Auffangeplatte gelangende Elektronenstrom in seiner Abhängigkeit von einer verzögernden Spannung gemessen wird. Messungen, bei denen der Abstand zwischen den beiden Drahtnetzen verändert wurde, ermöglichten die Messung der mittleren Weglänge der Elektronen. Die Zahl der Zusammenstöße im Raume b konnte durch Änderung des Gasdrucks geregelt werden. Schon die ersten Versuche bestätigten unsere Vermutung: Der von Townsend vorausgesetzte totale Energieverlust beim nicht ionisierenden Stoß wurde in keinem Gase beobachtet. Bei den Edelgasen aber ließ sich überhaupt kein Energieverlust nachweisen, solange die beschleunigende Spannung kleiner war als die von uns vorher gemessene vermeintliche Ionisierungsspannung. Das war eine für die Theorie der Gasentladung wichtige Erkenntnis. Nach TOWNSEND sollte ein Elektron nur dann ionisieren können, wenn es auf einem einzigen freien Wege die Ionisierungsspannung durchlaufen hat. Wird es aber beim Zusam-

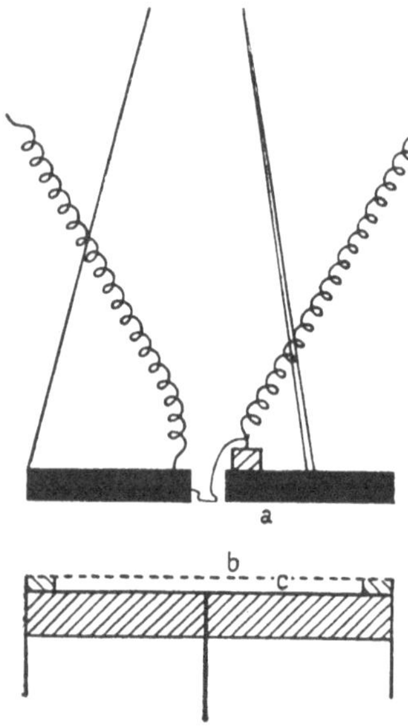

Abb. 4. Anordnung zur Messung des Energieverlusts bei Zusammenstößen von Elektronen und Gasmolekülen

menstoß ohne Energieverlust reflektiert, so erreicht es die der durchlaufenen Spannung entsprechende Energie, unabhängig davon, wie viele Zusammenstöße es auf seinem Wege erlitten hat. Ein solches Verhalten konnten wir durch weitere Versuche tatsächlich nachweisen. Damit hatten wir die Erklärung gefunden für das besondere Verhalten der Edelgase gegenüber der Gasentladung, insbesondere für ihre niedrige Zündspannung.

Bekanntlich sind die Edelgase einatomig, bei den von uns untersuchten Elektronenstößen handelte es sich also um Zusammenstöße eines Elektrons mit einem Atom. Man konnte unser Versuchsergebnis auch so formulieren: Es ist unmöglich, einem Atom durch Elektronenstoß einen Energiebetrag zuzuführen, welcher kleiner ist als ein bestimmter, für die betreffende Atomart charakteristischer Mindestbetrag. Diese Aussage war richtig, unabhängig von unserer irrtümlichen Auffassung, dieses kleinste vom Atom aufgenommene Energiequant sei identisch mit der Ionisierungsarbeit.

Ebenso wie die Edelgase sind auch die Metalldämpfe einatomige Gase. Deshalb nahmen wir als nächstes die Untersuchung des Verhaltens von langsamen Elektronen in Quecksilberdampf in Angriff. Die Messung der Ionisierungsspannung nach der LENARDschen Methode erwies sich als experimentell sehr schwierig, denn, um einen ausreichenden Quecksilberdampfdruck zu erhalten, mußte das ganze Versuchsgefäß auf über 100 Grad erhitzt werden. Das ergab sehr unangenehme thermische Störungen bei der elektrometrischen Messung der Aufladung des Auffängers. Deshalb verzichteten wir auf diese Messung und beschränkten uns darauf, den kleinsten Energiebetrag zu bestimmen, welcher einem Quecksilberatom durch einen Elektronenstoß zugeführt werden kann, in der Meinung, damit gleichzeitig die Ionisierungsarbeit zu bestimmen. Die benutzte Versuchsanordnung zeigt Abb. 5. D ist ein Platindraht, dessen mittleres

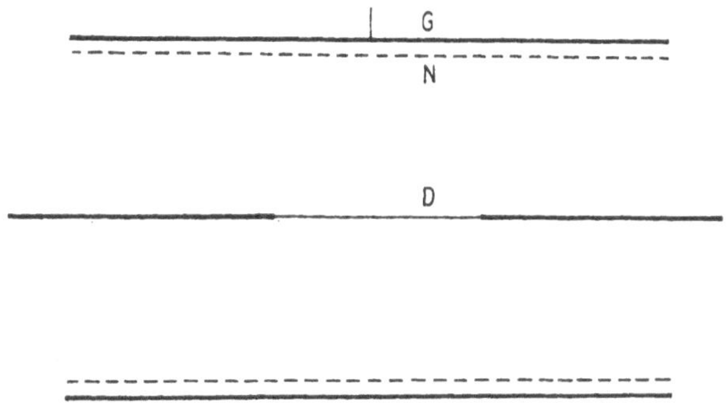

Abb. 5 Anordnung zur Messung der Anregungsspannung in Quecksilberdampf

Stück dünner ist und durch einen Strom zum Glühen erhitzt wird. N ist ein feines zylindrisches Platin-Drahtnetz, welches in geringem Abstande von dem ebenfalls zylindrischen, aus Platinfolie bestehenden Auffänger G umgeben ist. Alle diese Teile sind mit den notwendigen Zuleitungen in ein Glasgefäß eingeschmolzen, welches sich in einem geheizten Paraffinbad befindet.

Der Mindestbetrag an Energie, den ein Atom aufnehmen kann, wird heute als die Anregungsarbeit des Atoms bezeichnet, die Spannung, mit welcher ein Elektron beschleunigt werden muß, um ihm diesen Energiebetrag zuzuführen, nennt man heute die Anregungsspannung. Diese Anregungsspannung konnte mit der beschriebenen Apparatur mit großer Genauigkeit bestimmt werden, indem bei einer konstanten kleinen verzögernden Spannung zwischen Drahtnetz und Auffänger der auf diesen gelangende Elektronenstrom in seiner Abhängigkeit von der beschleunigenden Spannung zwischen Glühdraht und Drahtnetz gemessen wurde. Dabei ergaben sich Meßkurven von der Art der in Abb. 6, dargestellten. Ihre Form erklärt sich auf folgende Weise: Lassen wir die beschleunigende Spannung von Null an langsam ansteigen, so nimmt die Zahl der Elektronen, welche gegen die verzögernde Spannung den Auffänger er-

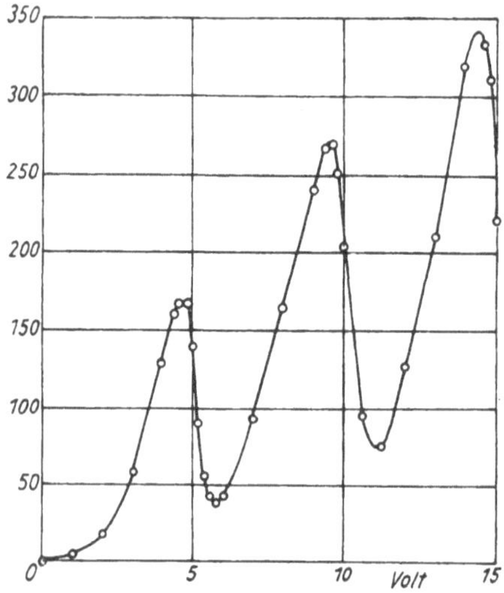

Abb. 6. Ergebnis einer Messung in Quecksilberdampf. Der Abstand aufeinanderfolgender Maxima ist gleich der Anregungsspannung

reichen, zunächst zu. Sobald aber die beschleunigende Spannung gleich der Anregungsspannung wird, oder sie um ein weniges übertrifft, verlieren die Elektronen kurz vor Erreichen des Drahtnetzes bei Zusammenstößen ihre Energie, so daß sie nicht mehr imstande sind, gegen das verzögernde Feld anzulaufen. Der Auffängerstrom nimmt also ab. Bei weiterer Steigerung der beschleunigenden Spannung werden die Elektronen schon früher ihre Energie verlieren und auf dem Rest ihres Weges zum Drahtnetz erneut beschleunigt werden. Der Auffängerstrom nimmt also wieder zu, aber nur so lange, bis die beschleunigende Spannung gleich der doppelten Anregungsspannung wird und die Elektronen nunmehr zum zweiten Male — kurz vor Erreichen des Drahtnetzes — ihre Energie verlieren. Das gleiche wiederholt sich jedesmal, wenn die beschleunigende Spannung gleich einem ganzzahligen Vielfachen der Anregungsspannung wird. Der Abstand aufeinanderfolgender Maxima der Meßkurven ergibt also die Anregungsspannung, und zwar unverfälscht durch den Spannungsabfall am Glühdraht oder durch etwa störende Voltaspannungen. Wir erhielten für Quecksilber den Wert 4,9 Volt.

Bei der Rolle, welche die Quantentheorie damals im Bewußtsein aller Physiker spielte, war es natürlich, daß wir unser Ergebnis mit dieser Theorie in Verbindung zu bringen suchten, indem wir eine Frequenz suchten, welche dem von uns gefundenen Energiequant im Sinne der PLANCKschen Hypothese zuzuordnen wäre. Für das Quecksilberatom gab es nun in der Tat eine solche ausgezeichnete Frequenz, nämlich die der Resonanzlinie 2537 Å. R. W. WOOD hatte gezeigt, daß das Quecksilberatom diese Linie sehr stark selektiv absorbiert, daß aber die gesamte auf diese Weise absorbierte Energie als Strahlung der gleichen Frequenz wieder emittiert wird. Hinsichtlich der Emission und Absorption dieser Linie verhält sich also ein Quecksilberatom wie ein PLANCKscher Oszillator dieser Frequenz. Gemäß der PLANCKschen Hypothese sollte es daher keine Energiebeträge aufnehmen können, die kleiner sind als das der Frequenz der Resonanzlinie entsprechende Energiequant hv. Genau dieses Verhalten wurde aber durch unsere Versuche nachgewiesen: Innerhalb der Meßgenauigkeit stimmte die von uns gemessene Anregungsarbeit mit dem Produkt aus der PLANCKschen Konstanten h und der Frequenz der Quecksilber-Resonanzlinie überein. Als weitere Folgerung aus der Auffassung des Quecksilberatoms als PLANCKscher Oszillator ergab sich die Erwartung, daß als Folge der Aufnahme eines Energiequants der Oszillator zu Schwingungen erregt sein und infolgedessen Strahlung von der Frequenz der Resonanzlinie emittieren müßte. Auch diese Erwartung konnten wir durch weitere Versuche bestätigen: Unter Bedingungen, bei welchen die Energie der Elektronen die Anregungsarbeit nicht wesentlich überschreiten konnte, trat als Folge der Elektronenstöße allein die Resonanzlinie, aber keine andere Linie des Quecksilberspektrums auf.

Wir betrachteten unser Ergebnis als eine Bestätigung der PLANCKschen Quantenhypothese. Mit der BOHRschen Theorie haben wir es damals noch nicht in Verbindung gebracht. Die erste BOHRsche Arbeit war erst ein Jahr vor dem Abschluß unserer Versuche erschienen und die BOHRschen Gedanken so neu und fremdartig, daß wir sie uns noch nicht zu eigen gemacht hatten. Unserer Ansicht nach war durch die WOODschen Versuche über die Resonanzstrahlung mit Sicherheit bewiesen, daß in jedem Quecksilberatom ein schwingungsfähiges Elektron mit der Frequenz der Resonanzlinie vorhanden sei. Allein schon die Tatsache, daß die BOHRsche Theorie dies leugnete, mußte uns die Anwendung dieser Theorie auf unsere Versuche als unsinnig erscheinen lassen. Übrigens zeigt ein Blick auf das Termschema des Quecksilberspektrums, daß durch die Messung der Anregungsspannung der Resonanzlinie nicht zwischen PLANCKscher Hypothese und BOHRscher Theorie entschieden werden kann. Für die Resonanzlinie ist nämlich, wie für alle Linien, welche einem Übergang in den Grundzustand entsprechen, auch nach der BOHRschen Theorie die Anregungsarbeit gleich dem Strahlungsquant hv.

Die richtige Deutung unserer Versuchsergebnisse wurde uns außerdem dadurch erschwert, daß wir damals noch glaubten, die von uns gemessene Anregungsspannung sei gleichzeitig die Ionisierungsspannung. Wir nahmen an, daß nach Überschreiten dieser Grenze die Mehrzahl der Stöße die Emission der Resonanzlinie bewirke, daß daneben aber ein gewisser Bruchteil der Stöße zur Abtrennung des schwingenden Elektrons, also zur Ionisierung führe. Diese irrtümliche Auffassung begründeten wir nicht nur durch unsere oben beschriebenen Messungen der Ionisierungsspannung, wir folgerten sie außerdem aus dem Verhalten einer Entladung in Quecksilberdampf von hohem Druck, deren Mechanismus damals noch nicht richtig verstanden war. Vermutlich hätten wir diesen Fehler bald selbst aufgeklärt, wenn unsre Arbeit nicht im Sommer 1914 durch den Ausbruch des Krieges unterbrochen worden wäre. So erhielten wir erst gegen Ende des Krieges Kenntnis von inzwischen erschienenen Arbeiten, in welchen unser Irrtum berichtigt und unsere Ergebnisse im Sinne der Bohrschen Theorie gedeutet wurden. In den Jahren nach 1920 arbeiteten wir getrennt, Franck in Göttingen, ich im Philips-Laboratorium in Eindhoven, weiter an der Fortführung unserer Versuche. Diese Arbeiten, bei denen es gelang, auch höhere Energiestufen nachzuweisen und die Anregungsarbeit auch für andere Spektrallinien zu messen, führten nun tatsächlich zu einer vollständigen Bestätigung von Bohrs Deutung der Spektralterme als Energiewerte der stationären Zustände des Atoms.

Dieses erste Jahrzehnt nach dem Kriege brachte der Bohrschen Atomtheorie erstaunliche Erfolge: die Erklärung des Periodensystems der Elemente, die Theorie des anomalen Zeemaneffekts und die Theorie der Röntgenspektren. Diese Erfolge wurden erzielt, obgleich es zunächst immer noch an einer geschlossenen Theorie fehlte. Durch Einführung neuer Quantenbedingungen und Quantenzahlen gelang es, das einfache Bohrsche Modell auf Atome mit mehreren Elektronen sowie auf Moleküle zu erweitern und den Einfluß eines Magnetfeldes zu berücksichtigen. Von seiten der Theorie stand dabei als Leitlinie nur das von Bohr aufgestellte Korrespondenzprinzip zur Verfügung, welches verlangt, daß für hohe Quantenzahlen die Gleichungen der Quantenphysik in die der klassischen Physik übergehen müssen. Im übrigen aber war man auf ein halbempirisches Verfahren angewiesen, indem man versuchte, die neuen Quantenbedingungen den experimentell nachgewiesenen Tatsachen anzupassen. Charakteristisch für diese Zeit ist die beispielhafte, äußerst fruchtbare Zusammenarbeit zwischen Theoretikern und Experimentalphysikern. Erst in den Jahren 1925 bis 1927 führten die Arbeiten von Heisenberg, Born, Jordan und Schrödinger zur Entwicklung der Quantenmechanik, einer in sich geschlossenen und widerspruchsfreien Theorie der im atomaren Maßstabe ablaufenden Vorgänge. Heute hat die Quantenmechanik annähernd den gleichen Grad der Vollkommenheit erreicht wie die klassische Mechanik um die Jahrhundertwende Darüber wird leicht vergessen, auf wie schwierigen — und anfangs widerspruchsvollen — Wegen sich die Entwicklung in Wirklichkeit vollzog.